THÉORIE

DES

BANQUES

PAR

OLINDE RODRIGUES.

Prix : 35 cent.

PARIS

IMPRIMERIE ET LIBRAIRIE DE NAPOLÉON CHAIX ET Cie,

Rue Bergère, 8,

ET CHEZ TOUS LES LIBRAIRES.

1848

THÉORIE

DES BANQUES.

Introduction.

Le problème des banques, ou plutôt le problème de la circulation, dont le mécanisme plus ou moins grossier, plus ou moins perfectionné, exerce sur le progrès de la richesse générale et particulière une influence si grande, par cela même qu'il embrasse les faits les plus généraux de l'ordre économique, échappe davantage aux appréciations individuelles. Ce problème semblerait donc réclamer bien du temps pour que l'esprit public arrivât à se familiariser avec toutes les idées dont le concours est indispensable à sa solution, si une circonstance spéciale et saisissante, comme celle de la suspension du remboursement des billets de la Banque de France, n'était de nature à développer, à hâter le progrès de l'opinion.

Essayons donc de parcourir les principales questions qui se rattachent à l'organisation des banques, à celle de la Banque de France en particulier, et commençons naturellement par la question qui s'offre d'abord à l'esprit, par celle du privilége de la Banque, considéré en lui-même et comme une exception au droit commun.

Du privilége de la Banque de France.

Le droit et la liberté du travail, dès longtemps consacrés, se dégagent bien lentement des entraves et des habitudes du monopole. A une époque où l'esprit d'association existait à peine, où les vastes entreprises avaient besoin, pour se développer avec sécurité, d'obtenir du pouvoir une protection contre ses propres usurpations, plutôt encore qu'un privilége contre une concurrence à laquelle on ne pouvait songer, à une époque où le privilége lui-même était, pour les masses ignorantes et craintives, un moyen d'éducation et une invitation à la confiance, l'octroi des monopoles fut un progrès réel, et souvent une ressource féconde et commode pour les besoins publics, ainsi que le témoigne assez l'histoire de la Banque d'Angleterre.

Mais il n'en est plus ainsi ; il n'y a plus de motifs assez puissants pour que le législateur accorde désormais la concession d'un privilége quelconque.

La Banque de France a sans doute rendu de grands services au Trésor, aux particuliers ; on doit reconnaître, depuis quelques années surtout, que des améliorations ont été introduites dans son régime intérieur, dans ses relations journalières avec le commerce, dans l'activité de ses opérations, multipliées par la fondation de ses comptoirs, et par ses rapports avec les banques départementales.

Mais quand il s'agit de réclamer le maintien d'un monopole anciennement concédé, ce ne sont pas tant les services rendus qu'il s'agit de faire valoir, que les services à rendre, que l'importance et la nouveauté de ces services, comparées au progrès général des relation et des affaires. D'ailleurs, le cours des actions de la Banque de France, montées, il y a peu de temps encore, au triple du capital par l'augmentation considérable de ses dividendes, atteste assez que les intérêts de ses actionnaires se sont bien trouvés des services rendus par la société aux particuliers et à l'État.

Si la Banque n'était pas une association privilégiée, on pourrait facilement admettre que le taux de ses bénéfices exprime, dans une mesure parfaite, l'importance des services rendus au public, ainsi qu'on peut le faire pour toutes les entreprises qui naissent et vivent au grand jour de la concurrence et de la publicité.

Mais plus les bénéfices de la Banque, d'une institution privilégiée quelconque, sont considérables, plus est faible l'argument qu'on en peut tirer pour justifier l'utilité publique de son privilége et plus il est permis d'attribuer une partie de ses bénéfices à l'abus plutôt qu'à l'usage de son monopole.

Ainsi, par exemple, le taux croissant des dividendes de la Banque de France, qui se compose principalement du produit de ses escomptes, n'est-il pas une démonstration suffisante et par chiffres que ces escomptes sont généralement trop chers, que la Banque retire un profit trop grand du monopole de la circulation?

Que sont, en présence de faits aussi concluants, les vagues arguments que l'on présente à l'appui du maintien invariable du taux des escomptes par la Banque, comme, entre autres, le danger d'encourager un développement trop rapide des entreprises et de compromettre l'équilibre de la production et de la consommation, et sans doute aussi la balance du commerce?

Certes, la multiplicité des banques, en Angleterre, en Ecosse, aux Etats-Unis, dans le même Etat dans la même ville, a pu engendrer de graves inconvénients, organisées d'ailleurs, comme elles le sont encore, sur des bases plus ou moins critiquables; mais on essaierait en vain de prouver que le remède à ces inconvénients serait d'organiser un privilége pour une seule banque par État ou par ville.

Et d'ailleurs, la Banque de France réorganisée ne sera-t-elle pas l'association la plus riche, la plus accréditée du pays, la plus en mesure de se passer d'un privilége quelconque pour le maintien de son crédit et de sa clientèle? Qui pourra lui faire concurrence et marcher de pair avec elle, si elle peut et veut étendre librement ses opérations et son influence?

La France, il faut en convenir, est, sous bien des rapports pratiques, en arrière de plusieurs pays; mais les idées théoriques de l'école française, à la hauteur où elles ont été portées depuis trente ans, sont incontestablement supérieures à celles qui dominent encore partout ailleurs; et lorsqu'arrive le temps où peut être renouvelée une grande institution financière, ne doit-on pas se demander d'abord si les idées qui ont présidé à sa naissance n'ont pas été dépassées, si leur insuffisance ne se révèle pas à toutes les intelligences, et s'il serait bien sage, en lui octroyant un long monopole, de priver la société, pour un quart de siècle encore, des bienfaits que pourrait lui procurer immédiatement une organisation plus forte et plus étendue ?

Idée générale des Banques.

L'utilité des caisses de dépôt, de circulation et d'escompte a été fort anciennement reconnue, et depuis le seizième siècle, elles se sont multipliées successivement dans tous les pays industrieux, en Écosse et aux États-Unis, dans une proportion considérable.

Suivant les circonstances, suivant l'état de la richesse de ces pays, ces établissements étaient plus appréciés, d'abord comme offrant un lieu sûr et commode pour le dépôt des fortunes métalliques, ensuite pour les avantages de leurs billets de virement ou de circulation, et enfin pour le crédit qu'ils accordaient aux particuliers. Sans préciser ici des détails que chacun peut aisément vérifier, je citerai seulement les États-Unis comme présentant, jusqu'à l'exagération, un exemple frappant de la progression que j'indique dans les différents aspects sous lesquels on a successivement considéré les caisses de *dépôt*, de *circulation* et d'*escompte*. Il est évident qu'aux États-Unis, où l'industrie marche à pas de géant, à travers les erreurs et les accidents d'une telle précipitation, les banques sont bien plutôt fondées et recherchées comme établissement de crédit que comme caisses de dépôt et de circulation.

C'est donc surtout comme institutions de crédit que ces établissements ont à se développer et à grandir. Le nom même de banque, attaché à la plupart d'entre eux, annonce et fait pressentir une généralisation féconde de leurs principes.

Les banquiers, qui n'étaient autrefois que des prêteurs d'argent, des changeurs souvent confondus avec les orfèvres, sont devenus, à partir de l'invention et de la diffusion des lettres de change, les agents principaux de l'industrie et des finances, pour le règlement et le virement des comptes, pour l'émission et la négociation des titres de crédit privés ou publics; les banques sont appelées de même à réaliser un progrès analogue sur une échelle plus large, au moyen de la concentration graduelle de tous les capitaux mobiles.

Les maisons de banque particulières, à part l'autorisation publique et le crédit nécessaires pour émettre des billets au porteur remboursables à vue, reçoivent aussi des dépôts, font circuler leurs engagements et acceptent des effets à l'escompte. Mais le cercle de leurs opérations ne se borne pas là; elles perçoivent ou bonifient des intérêts ou des commissions, demandent ou accordent du crédit selon leurs convenances, et font ainsi valoir leurs propres capitaux et ceux d'autrui.

La Banque de France, limitée principalement aux opérations de l'escompte, n'emploie le crédit que d'une seule manière : elle perçoit des intérêts, elle n'en bonifie jamais ; de telle sorte qu'elle n'offre aux capitalistes aucun moyen d'utiliser leurs fonds disponibles, et il arrive parfois que c'est à son propre préjudice qu'elle se trouve ainsi privée de leur concours.

La Banque de France est donc bien loin de justifier ce titre imposant. Elle n'est encore, et pour Paris presque exclusivement, qu'une caisse de dépôt, de circulation et d'escompte.

Et cependant les besoins croissants des affaires appellent la création d'un centre de crédit qui soit à la fois banque de prêt et de placement, intermédiaire puissant et éclairé entre tous les emprunteurs qui cherchent des capitaux au plus bas prix, et tous les prêteurs qui cherchent les placements les plus solides, accordant et distribuant aux uns le crédit qu'elle obtiendrait des autres, sous la réserve d'une prime d'assurance en sa faveur.

Tel est, sans doute, le sens dans lequel les banques sont destinées à se développer.

En complétant ainsi leur organisation, les banques étendraient le bienfait de leur assurance à toutes les transactions qui s'opèrent entre le travailleur et le capitaliste, et deviendraient naturellement les régulateurs suprêmes du crédit et de la circulation, en remplaçant successivement, par leurs propres engagements, tous les engagements individuels soumis à leur appréciation, comme en suppléant par leurs billets de circulation à tous les usages de la monnaie métallique.

Du mécanisme actuel des opérations de la Banque de France.

En échange des capitaux monnayés qu'elle reçoit comme dépôt, des effets de commerce qu'elle accepte à l'escompte, la Banque remet des billets au porteur de 1,000 fr., de 500 fr., et même de 100 fr., remboursables à vue, ou bien ouvre en faveur des déposants des comptes courants sans intérêt.

Le montant de ces billets en circulation, réuni au crédit total des comptes courants, forme le passif exigible de la Banque.

Ce passif exigible est compensé par un actif qui se compose d'une réserve métallique disponible et d'un portefeuille dont la moyenne échéance doit se proportionner à la durée moyenne de la circulation des billets de banque.

La source principale de ses bénéfices est dans le produit de ses escomptes ; je ne parle pas du revenu de son fonds social, représenté presque entièrement par des rentes publiques et par son immeuble.

Par l'émission de ses billets et l'ouverture de ses comptes courants, la Banque attire à elle et rend productive, au moyen de ses escomptes, une certaine portion du capital monétaire circulant dans le pays, à savoir : les sacs de 1,000 fr., de 500 fr. et les piles de 100 fr. enfouis chez les thésauriseurs, chaque jour moins nombreux, et ceux qui, s'ils n'étaient suppléés par les billets de la Banque, circuleraient péniblement d'une caisse à l'autre dans le roulement journalier des recettes et des payements qui s'effectuent sur la place ; les encaisses des négociants ou des capitalistes sont aussi versés à la Banque principalement au moyen des comptes courants.

Ces comptes courants, dont le chiffre n'est qu'une fraction de celui des billets en circulation, à part le compte du Trésor, suppléent à leur tour à la circulation des billets par une masse de virements très-considérable, comparée au capital qui en est l'objet, et au cercle d'opérations qui les comportent.

Mais la Banque ne se borne pas à émettre des billets, à ouvrir des comptes courants en échange d'espèces déposées, et à livrer ensuite à la circulation des appoints, ou aux besoins de l'exportation, une partie de ces espèces au moyen de l'escompte des effets de commerce.

Une grande partie des billets de banque est directement livrée à la circulation en échange des effets qui entrent dans son portefeuille, et ne reviennent à la Banque que par le recouvrement même de ces effets.

C'est ainsi que la circulation se simplifie, en même temps qu'elle s'accroît du montant de tous les billets de banque qui circulent comme monnaie, en échange de cette partie des effets escomptés. Les lettres de change escomptées par la Banque, n'offrant à la circulation que des garanties particulières, des coupures irrégulières, des échéances incommodes, se trouvent avoir acquis, par leur échange contre les billets de la Banque, toutes les conditions nécessaires pour une circulation monétaire. En un mot, par ses escomptes, la Banque a transformé en monnaie une partie des engagements commerciaux de la place.

Mais il y a encore un autre point bien important à remarquer dans cette opération de la Banque : c'est qu'en escomptant les engagements individuels, en les transformant en monnaie, la Banque en assure la valeur à l'égard des tiers qui auraient refusé de les accepter en payement, et qui, recevant dans la circulation la monnaie de ces engagements, sont garantis contre toutes les chances des crédits particuliers. On voit ainsi que le bénéfice des escomptes se compose réellement d'une prime d'assurances et d'un droit de monnayage.

Tel est donc, dans son ensemble et dans ses principales divisions, le service notable et caractéristique apporté au crédit, à la circulation et à la richesse publique par l'institution des banques, service immense et d'une admirable invention pour l'époque où il fut créé, mais dont il faut pourtant reconnaître les limites et l'insuffisance prochaine.

La Banque, assujettie à n'émettre que des billets de 1,000 fr., de 500 fr. et de 100 fr., remboursables à vue sans intérêt, ne peut ni devenir un grand centre de crédit, ni même atteindre au but qui est devant elle, à savoir, l'emploi de la plus grande partie du capital monétaire métallique, et l'escompte de la presque totalité des engagements commerciaux.

Elle ne dispose en effet que d'une fraction bien faible du capital monétaire, puisque ses billets ne peuvent tenir lieu d'appoints au-dessous de 100 f., et, n'étant remboursables qu'à Paris, sans intérêt, ne circulent que dans un rayon très-court et ne peuvent s'arrêter dans le portefeuille des capitalistes.

Elle ne peut escompter également qu'une partie des engagements commerciaux, l'échéance moyenne de son portefeuille devant se proportionner à la durée moyenne de la circulation de ses billets, et par suite, elle ne peut assurer que cette même partie des crédits individuels que les besoins de la circulation amènent à ses comptoirs pour être monnayés.

La Banque est de plus obligée à conserver inactive une réserve métallique d'autant plus considérable, que la circulation de ses billets est plus rapidement accomplie et que leur moindre coupure est plus élevée, puisque le besoin d'appoints est une cause constante et journalière de l'échange des billets contre espèces.

Enfin, la Banque n'offrant aucun avantage aux capitalistes pour l'assurance de leurs placements, dont elle demeure privée, est sans lien naturel avec eux, lorsque, bien au contraire, elle devrait les grouper autour d'elle, et contribuer ainsi, par l'association de tous les capitaux disponibles, à faire graduellement baisser le taux de l'intérêt dans toutes les transactions; ce qui est, après tout, le plus grand service qui puisse être rendu à l'industrie, service que le développement des banques est appelé à réaliser bien plus directement et bien plus rapidement qu'aucune combinaison financière de remboursement ou de réduction de la dette publique ne le saurait faire.

Les inconvénients de cette restriction au concours de tous les capitaux vers un centre commun se révèlent au grand jour à l'époque des crises commerciales.

La réserve de la Banque diminue sensiblement, parce que le crédit devenant moins facile, ou se faisant payer plus cher, une partie des capitaux inactifs déposés à la Banque en sort pour un emploi productif ; en d'autres termes, une partie de la monnaie métallique, dans ces crises, passe de l'état de signe à celui de marchandise ; la Banque, privée du concours des capitalistes, est alors obligée de resserrer ses escomptes, quelquefois même de restreindre la durée ordinaire de ses avances aux meilleures maisons ; et il se trouve, malgré tous les arguments contraires à cette assertion, que la proportion des services rendus par la Banque, comparés à l'ensemble des besoins, n'est jamais moindre qu'aux époques où la somme de ces besoins est plus considérable.

J'ai signalé la diminution de la réserve de la Banque dans les crises commerciales; mais je me hâte d'expliquer que je n'entends parler ici que des crises purement commerciales, qui ne sont pas de nature à altérer la sécurité publique, et n'ont d'influence que sur le prix des capitaux.

Car il peut arriver, ainsi que nous en avons été témoin, qu'aux époques de troubles, la réserve de la Banque, loin de diminuer, s'accroisse au contraire rapidement de tous les dépôts qu'y versent les particuliers comme en un lieu de refuge et d'abri contre les désordres de la rue; tandis que l'approche d'une armée ennemie, dont on redouterait moins le pillage des maisons particulières que la saisie des caisses publiques, produirait infailliblement un effet tout opposé.

Mais à part cette anomalie, dont la cause est étrangère aux lois du crédit et de la circulation, et qu'il faut savoir distinguer dans l'analyse des chiffres, l'observation que j'ai énoncée subsiste dans toute sa généralité.

Il résulte donc du système actuel des opérations de la Banque, dont je viens d'exposer les avantages et les limites, que la Banque n'est encore qu'une caisse de dépôt, de circulation et d'escompte dont le rayon d'activité ne dépasse guère la capitale. N'a-t-elle pas une destinée plus large? Ne doit-elle pas devenir l'institution principale et fondamentale du crédit et de la circulation en France?

De l'extension à donner aux principes actuels de la Banque de France.

La Banque de France, rattachant à son foyer les banques départementales, aussi bien que ses propres succursales, doit se mettre en mesure, par l'extension de ses principes, d'arriver un jour graduellement à faire fructifier la plus grande partie des deux ou trois milliards qu'absorbe la circulation *métallique*, comme à *assurer* la presque totalité des engagements commerciaux, en remplaçant les uns et les autres par ses propres billets, dont le système de coupures et de remboursement serait le mieux adapté à tous les besoins de la circulation et du crédit.

Pour entrer dans cette voie, la Banque doit être autorisée par de nouveaux statuts :

1° A délivrer successivement à la circulation monétaire des billets de toute coupure, remboursables à toutes ses caisses de Paris et des départements ;

2° A établir le taux de ses escomptes de manière que les premières valeurs puissent toujours arriver dans son portefeuille ;

3° A négocier, en outre de ses billets remboursables à vue, des billets à *vue* ou à *terme*, en faveur des capitalistes qui recherchent les placements les plus solides ;

4° A escompter ces mêmes billets au taux le plus bas ;

5° A faire des avances en compte courant aux travailleurs dont le genre d'industrie ne comporte pas la souscription d'engagements à terme fixe.

De l'émission par la Banque de billets de toute coupure.

L'émission graduelle de billets de circulation au-dessous de 100 fr. aurait deux avantages très-grands pour la Banque et pour le pays : d'une part, elle attirerait et rendrait productive une grande partie du capital monétaire, que la circulation retient pour les appoints au-dessous de 100 fr.; et d'une autre, elle ne serait plus tenue de conserver une réserve métallique aussi considérable, puisque l'échange des billets contre espèces n'est le plus souvent motivé que par le besoin des appoints.

Mais on a objecté contre l'émission des petites coupures, ainsi qu'on l'objectait hier contre les coupures au-dessous de 500 fr., que l'introduction d'une monnaie de papier dans les habitudes de classes plus nombreuses qu'éclairées pouvait, dans un moment de crise, amener des paniques, des troubles peut-être, et faire encombrer brusquement les bureaux de la Banque d'une foule alarmée et empressée de recevoir des espèces en échange du papier. C'est pour remédier à ces inconvénients que l'émission des billets à terme offrirait les plus grands avantages. Par l'émission de ces billets à terme, la Banque appellerait à son aide les capitaux moins craintifs et plus éclairés, et ferait face à toutes les demandes de remboursement.

Quoi qu'il puisse arriver dans une panique impossible à prévenir, la *monnaie de papier* ne doit jamais être assimilée au *papier-monnaie* des *assignats*. Émise par le crédit, la monnaie de papier ne doit circuler que par le crédit ; c'est assez faire comprendre combien on doit se garder d'employer aucune espèce de contrainte pour faire accepter ces billets dans la circulation : l'on s'écarterait du but que l'on voudrait atteindre, en même temps que la Banque elle-même serait moins capable d'apprécier parfaitement les véritables besoins de la circulation et les justes proportions dans lesquelles elle doit maintenir ses émissions.

Lorsque la Banque d'Angleterre, le 5 février 1797, suspendit le remboursement de ses billets en espèces, le gouvernement, les banquiers, les négociants déclarèrent qu'ils continueraient de recevoir en payement les billets de la Banque, dont la situation leur inspirait toute confiance. Mais le cours n'en fut jamais *forcé* ou *légal;* et la seule chose que purent obtenir les débiteurs de bonne foi, dont les offres de libération en billets n'étaient pas acceptées, fut d'être affranchis de la contrainte par corps.

Du taux des escomptes de la Banque.

On a beaucoup discuté depuis quelques années les avantages et les inconvénients pour la Banque et le public de l'uniformité ou de la mobilité de son taux d'escompte.

On a remarqué qu'aux époques de crise, la Banque escomptant toujours à 4 pour 100, malgré la hausse du taux de la place, restreignait forcément ses escomptes, soit pour la quantité, soit pour les échéances, et qu'en tout cas elle était bien loin de les étendre dans la proportion des besoins, alors qu'au contraire il eût été d'une haute habileté et d'un grand avantage d'être en mesure de les augmenter en les faisant payer plus et d'imiter sous ce rapport, comme sous bien d'autres, les compagnies d'assurances, qui ne font jamais plus d'affaires qu'au moment où éclatent des sinistres, et où chacun est empressé de recourir à leur protection.

Au contraire, aux époques de prospérité où le crédit est facile, la Banque n'a plus que de médiocres escomptes, relativement à la masse de bon papier qui ne lui arrive pas.

Les escompteurs de la place, se contentant d'un taux moindre que celui de la Banque, ne laissent arriver à son portefeuille que des effets à très-courte échéance en valeur de premier ordre, ou des effets d'une quotité minime. Il en résulte, au grand désavantage de la Banque, que l'échéance, la solidité et la quotité moyennes de son portefeuille tendent à diminuer.

N'est-il pas singulier, en effet, que la Banque continue d'escompter à 4 0/0, quand les capitalistes ou les premières maisons recherchent les bonnes valeurs à 3 0/0?

Ne l'est-il pas également qu'elle se croie obligée de maintenir les escomptes à ce même taux de 4 0/0, lorsqu'au contraire ces mêmes escomptes trouvent facilement des emplois à 5, 6 ou 7 0/0, circonstance où s'élèvent, de la part du commerce, de si vives réclamations contre ce qu'il appelle les faveurs de la Banque?

Je n'ai pas besoin de répéter ici que les partisans de l'invariabilité du taux des escomptes n'opposent à leurs adversaires que des arguments bien vagues, ou des lieux communs qui ne soutiennent pas une discussion sérieuse. Outre ceux que j'ai déjà indiqués au commencement de ce travail, il est peut-être bon d'en rappeler un autre non moins éblouissant : c'est qu'en haussant le taux de ses escomptes, la Banque exciterait des réclamations contre son privilége, et qu'en le réduisant, au contraire, il se présenterait tant d'effets à ses escomptes, qu'elle ne pourrait plus les apprécier aussi bien et conserver dans ses opérations la prudence que lui impose l'intérêt de ses actionnaires.

Cette prudence si vantée que la Banque de France apporte dans ses escomptes, le petit nombre d'effets en souffrance dans son portefeuille, la disproportion habituelle de sa réserve avec la circulation de ses billets, tout cela ne prouve qu'une chose : c'est qu'elle est bien loin de rendre au crédit et à la circulation des services qui soient à la fois en rapport avec son propre crédit et avec la somme des besoins que développe le progrès général des affaires.

Mais toute controverse à ce sujet cède à cette loi bien simple et qui se rattache à l'ensemble des considérations qui précèdent.

La banque centrale d'un pays, et j'entends par cette dénomination le système de toutes les banques départementales et des succursales de la banque reliées harmonieusement autour de leur métropole, la banque centrale doit toujours avoir dans son portefeuille les premières signatures du pays, et doit en conséquence régler le taux minimum de ses escomptes de manière à lui amener ces premières signatures. Si la Banque escomptait les signatures des premières maisons à un taux assez bas pour que ces maisons trouvassent un bénéfice à endosser le papier d'un ordre inférieur, ce papier, acquérant ainsi par ces endossements toute la solidité possible, arriverait tout entier dans le portefeuille de la Banque.

J'ai dit le taux minimum; car, indépendamment de l'escompte opéré directement par la Banque, pourquoi, à l'instar des escompteurs de la place, n'admettrait-elle pas à des taux supérieurs et débattus les bordereaux d'effets endossés en blanc, c'est-à-dire transmissibles sans la garantie du propriétaire, qui lui seraient présentés par les intermédiaires qui s'occupent de la négociation des effets de commerce?

Quant à l'échéance des effets escomptés, au nombre des signatures et à la quantité des escomptes, la Banque devrait, en augmentant sans doute ses moyens d'information et d'appréciation, n'être astreinte à aucune limite, puisque l'émission de ses billets à terme lui permettrait toujours de maintenir l'équilibre de sa circulation, de son portefeuille et de sa réserve.

Et, sous ce rapport, on peut remarquer combien il sera difficile, pour ne pas dire impossible, à la Banque, tant qu'elle n'émettra que des billets remboursables à vue, d'accueillir les nombreuses demandes qui s'élèvent pour l'escompte des effets à six mois; car la durée moyenne des échéances qu'elle peut escompter est forcément en rapport avec la durée moyenne de la circulation de ses billets.

La Banque ne peut escompter des effets à toute échéance qu'au moyen de l'émission des billets à terme, ce qui me conduit à l'examen de la troisième disposition, qui me semble devoir être introduite dans l'organisation des banques, non-seulement pour compléter les deux premières et assurer tout leur développement, mais encore parce que cette disposition est la seule qui permette aux banques d'accroître indéfiniment leur influence et leurs services.

De l'émission par la Banque de billets à terme.

L'ensemble des capitaux monnayés du pays se compose nécessairement des capitaux qui circulent pour le règlement monétaire des transactions, et que la commodité des billets de la Banque doit mettre chaque jour davantage à sa disposition ; il se compose aussi des capitaux stagnants qui cherchent un placement temporaire plus ou moins long.

Or, ces deux catégories de capitaux monnayés, dont l'une présente le numéraire à l'état de signe et l'autre à l'état de marchandise, sont intimement liées et éprouvent continuellement de mutuelles transformations selon les variations infinies et insaisissables dans leurs détails, de l'état du crédit et des affaires.

Cette influence réciproque et permanente des deux grandes divisions du capital monnayé fait bien pressentir, ce semble, comment les banques ne sauraient indéfiniment séparer dans leurs opérations ce qui naturellement n'est pas séparable, en continuant de n'attirer à elles que le numéraire à l'état de signe, sans user elles-mêmes de leur crédit supérieur à tous les crédits particuliers, pour faire converger à leur centre tous les capitaux stagnants qui cherchent les placements temporaires soumis aux moindres chances.

La Banque pourrait arriver promptement à ce résultat, en négociant aux capitalistes des billets à terme d'une circulation facile, à un taux un peu moindre que le taux le plus bas de ses escomptes. Elle réaliserait par ce moyen une prime d'*assurance* qui serait l'excédant des escomptes perçus par elle sur ceux qu'elle bonifierait aux preneurs de ces billets; et les capitalistes rechercheraient d'autant plus ces billets à terme, qu'ils seraient certains de pouvoir les escompter directement à la Banque, ainsi que les effets les plus solides.

Le portefeuille de la Banque serait donc balancé en partie par l'émission de ses billets à vue, et en partie par l'émission de ses billets à terme; et celle de ses opérations qui a évidemment le plus d'avenir, savoir, l'*assurance* des titres du crédit privé, pourrait se développer librement et sans autre limite que l'importance du fonds de garantie versé par les actionnaires.

Quand on songe au milliard d'effets au comptant qui ne fait que passer à la Banque, et à toute la masse de ceux qui ne lui arrivent d'aucune manière, on comprendra quel pourrait être le produit des primes résultant de l'*assurance* qui en serait faite par la Banque à un taux modéré. En effet, la plus grande partie des effets de commerce circule sans être timbrée et ne peut être admise aux escomptes de la Banque. On estime que l'impôt du timbre devrait rapporter environ 11 millions. En appréciant convenablement la proportion moyenne des timbres, d'après l'échelle du tarif, on trouve que ce chiffre de 11 millions indique une création annuelle d'au moins 17 milliards d'effets de commerce, payables en France, dont toutes les banques réunies du pays n'escomptent qu'une bien faible partie.

Les bénéfices de la Banque se composeraient donc du produit de ses droits de monnayage pour la partie des effets commerciaux qui demandent à être transformés en monnaie, et de la somme des primes d'assurance résultant de l'émission de ses billets à échéance en échange du surplus des effets de commerce entrés dans son portefeuille.

Mais, d'ailleurs, on ne doit pas douter que, dans un temps plus ou moins éloigné, la plus grande partie des bénéfices des banques ne provienne plus de la perception de ces primes d'assurances, étendues successivement à la presque totalité des *promesses*, au moyen desquelles le travailleur reçoit du capitaliste la disposition des instruments du travail.

En effet, on tend chaque jour davantage à faire fructifier les moindres capitaux, et en même temps la masse du capital monétaire diminue graduellement, comparée à celle des transactions, et va, se fractionnant de plus en plus, en appoints qui finissent par échapper aux moindres coupures émises par les banques.

A mesure que les besoins se multiplient avec les moyens de les satisfaire, à mesure que les peuples s'enrichissent et s'éclairent, l'unité monétaire courante, sorte d'expression de l'unité des besoins, acquiert plus de valeur, et circule en empruntant un métal plus précieux. Les peuples les plus riches et les plus avancés sont, en effet, ceux dont le capital monétaire relatif est le plus faible et le plus précieux pour le métal dont il est formé.

C'est ainsi que la monnaie métallique marquant d'abord un progrès immense chez les peuplades grossières, passe successivement, dans sa généralité, et dans la fixation de son unité, du cuivre à l'argent, de l'argent à l'or, et toutefois cède lentement la place à la monnaie de papier, comme à un agent infiniment moins coûteux.

Mais la monnaie de papier, elle-même, source de profits si grands pour les banques actuelles, tend à diminuer de capital et de quotité moyenne, à mesure que le progrès de la confiance, en ajournant les règlements, multiplie les compensations et les virements, ainsi que cela se voit déjà dans certaines classes de transactions.

L'usage des titres de crédit permet de plus en plus de substituer à l'usage des signes métalliques, des monnaies de papier restreintes de plus en plus à leur tour au règlement des appoints, et dès lors il est évident que l'*assurance* des engagements commerciaux est, de toutes les opérations des banques, celle qui par sa nature a le plus d'avenir et le moins de limites.

Les banques, considérées dans leur utilité relative à l'état progressif des relations et du crédit, et limitées comme elles le sont à l'exploitation du capital monétaire circulant, présentent déjà un déclin analogue à celui de la monnaie. Leur utilité relative est en raison inverse du développement du crédit dans le rayon de leur sphère d'activité. Les banques départementales, toute proportion gardée, rendent à la circulation plus de services que la Banque de Paris, et celle-ci plus que la Banque de Londres.

Il est aisé de vérifier cette assertion en comparant les chiffres relatifs de la réserve, de la circulation et du portefeuille de ces banques avec la masse des transactions qui s'accomplissent dans leur rayon.

Les banques ont donc pour leur avenir le plus grand intérêt à entrer dans la voie que j'indique, et qui, dès le siècle dernier, a été frayée par celles d'Écosse.

En combinant l'émission des billets de circulation de toute coupure, remboursables à vue, avec la négociation des billets à terme, la Banque centrale du pays ne trouverait de limites à ses services et à son influence que celles qui résulteraient de l'état même des transactions et de l'importance relative de son capital, qui doit être en raison directe de la plus faible coupure de ses billets et de la masse de ses escomptes.

Des avances à faire aux ouvriers.

Toutes les classes de la société n'ont pas encore été appelées à jouir des bienfaits du crédit : cet état de choses doit disparaître, aujourd'hui que le principe d'égalité a été solennellement proclamé.

Il faut, pour qu'il soit complétement démocratique, que le système des banques offre un concours et un appui aux travailleurs des deux sexes dont le genre d'industrie ne comporte pas, soit par l'étendue des commandes, soit par la régularité de leur payement, la possibilité de souscrire des engagements à terme fixe.

Les ouvriers et les ouvrières en chambre ne profitent pas aujourd'hui des avantages du crédit, qui sont uniquement réservés aux industriels dirigeant de grands ateliers. Quand ils ont un besoin immédiat d'argent, ou plus généralement quand ils manquent d'un outil, d'une fourniture quelconque qu'ils ne peuvent solder en espèces, ils se trouvent réduits aux expédients les plus coûteux et les plus pénibles. Ils sont d'abord forcés de payer beaucoup plus cher, faute d'argent comptant; puis ils règlent en billets à ordre et à l'échéance la plus prochaine. Obligés de renouveler ces billets, ils sont condamnés à payer de nouvelles commissions, de nouveaux escomptes, et finalement il se trouve qu'ils ont emprunté à des taux monstrueux, comme 60 ou 100 pour cent.

C'est l'histoire de tous les petits billets qui, après avoir passé par tous les canaux obscurs et usuraires de la circulation et du crédit, arrivent enfin à l'escompte des banques.

En ouvrant une caisse d'avances aux ouvriers, on leur fournira les moyens d'acheter des instruments de travail et des matières premières; cette caisse pourra même, en cas de chômage, leur procurer les moyens temporaires de subvenir à leur subsistance.

De la solidité des banques.

Terminons cette analyse de l'organisation des banques en rappelant les règles invariables sur lesquelles repose leur solidité.

Il est important de le faire alors qu'on demande une grande extension de leurs opérations actuelles, afin de prévenir toute confusion et toute assimilation avec les conceptions prématurées et mal assises du célèbre Law.

La solidité d'une banque tient principalement à la facilité de sa liquidation, à la possibilité d'opérer dans un court délai une compensation naturelle entre son actif et son passif, qui doivent donc être homogènes ou composés de valeurs susceptibles de compensation.

De manière que la Banque, pour se liquider, n'ait autre chose à faire qu'à laisser effectuer successivement cette compensation par la balance des échéances de son portefeuille et de ses obligations, sans être forcée de rechercher au dehors une négociation plus ou moins incertaine.

C'est assez dire qu'à part l'emploi d'une partie de son fonds social en bons du Trésor et en avances aux travailleurs, une banque de circulation et de crédit doit sévèrement s'interdire toute spéculation par l'achat de marchandises, de rentes perpétuelles, d'actions industrielles ou d'immeubles.

Car on ne paie pas une acceptation avec un immeuble, ainsi que le disait un financier célèbre, Jacques Laffitte.

Des rapports de la Banque avec le Trésor public.

La comptabilité publique a reçu dans ces dernières années de notables perfectionnements, principalement à l'égard de la constatation des pièces et des justifications à produire à la cour des comptes.

Mais, à côté des mesures de bon ordre pour prévenir les irrégularités ou les malversations, et éclairer tous les rouages de l'administration des deniers publics, la question d'économie est restée entière et mériterait à elle seule des recherches et un examen approfondis. Le problème à résoudre, en effet, est celui-ci :

Il s'agirait, après avoir constaté la somme exacte à laquelle s'élève, en France, le montant des frais de recouvrement de l'impôt et des dépenses que nécessitent les divers services publics, d'indiquer les moyens de réduire ces frais énormes à un taux commercial, c'est-à-dire infiniment moindre.

La solution de ce problème amènerait naturellement le concours de la Banque, et devrait conduire à reconnaître toute l'étendue des relations qui tendent à s'établir entre elle et les finances, et à proclamer un nouveau principe en matière de finances.

C'est que la Banque centrale doit être chargée de toutes les recettes et de tous les payements de l'État.

Il ne suffit pas que la Banque de France reçoive dans ses caves les encaisses du Trésor par centaines de millions sans lui accorder aucun intérêt dans ses bénéfices, ou qu'à d'autres époques elle escompte une partie de la dette flottante, en concurrence avec les particuliers qui recherchent les bons du Trésor au taux le plus bas, comme l'engagement le plus solide.

La Banque doit être chargée de faire valoir les fonds de toutes les caisses publiques, y compris ceux des caisses d'épargne et de consignations.

La Banque, au moyen de ses comptoirs ou de ses relations avec les banques départementales, doit entrer directement en rapport avec les receveurs et les payeurs, pour le compte du Trésor, simplifier par les virements et la centralisation de ses opérations la comptabilité des uns et des autres, et réduire la circulation des deniers publics aux moindres déplacements. Il y a tel département frontière, par exemple, où les dépenses absorbent, dépassent même le produit des recettes. On conçoit qu'au moyen de l'intervention de la Banque, les doubles frais résultant des comptes séparés des receveurs et des payeurs pourraient être presque entièrement économisés.

La Banque serait aussi chargée du service de la dette publique, ainsi qu'elle l'est déjà de celui des rentes de la ville.

Enfin, la Banque de France doit devenir le banquier de l'État dans toute l'étendue des services et des relations que comporteraient le principe et le mécanisme de son organisation.

Agent puissant et fécond de la circulation de tous les capitaux mobiles, privés et publics, la Banque de France s'élèverait ainsi à la hauteur ambitieuse de son nom, et serait justement classée parmi les institutions fondamentales et nationales du pays.

En Vente à la même Librairie :

PROJET DE CONSTITUTION POPULAIRE......... 50 c.

PAROLES D'UN MORT.......................... 05 c.

IMPRIMERIE CENTRALE DE NAPOLÉON CHAIX ET Cie, RUE BERGÈRE, 8.

www.ingramcontent.com/pod-product-compliance
Ingram Content Group UK Ltd.
Pitfield, Milton Keynes, MK11 3LW, UK
UKHW032024260826
14628UKWH00006B/2712

9 782014 107807